Ursachen und Folgen

der

jähen Überschwemmungen

und die

Mittel zu deren Beseitigung

unter besonderer Berücksichtigung der

Stauweiher und Thalsperren als Reserven für Bewässerungen und Kraftanlagen.

———

Unter Zugrundelegung der Denkschrift von Ökonomierat **Classen** für den anerkannten Verein für Verbesserung der Wasserstandsverhältnisse im Regierungsbezirke Mittelfranken bearbeitet von dessen Vorstandsmitglied

CHRISTOPH SEILER.

MÜNCHEN UND LEIPZIG.

DRUCK UND VERLAG VON R. OLDENBOURG.

1899.

Erstes Vorwort.

Hochwasser und Überschwemmungen hat es zu jeder Zeit gegeben, und war man von jeher auch daran gewöhnt, sie sozusagen als ein notwendiges Übel zu betrachten, dem man mit dem Aufgebote aller Intelligenz auf eine möglichst unschädliche Weise zu einem möglichst raschen Verlaufe verhelfen müsse.

Weit ist man aber hiermit noch nicht gekommen, das lehrt uns die tägliche Erfahrung, und steht auch gar nicht zu erwarten, daſs es je einmal gelingen werde, auf die bisherige Weise die Hochwasserfrage mit Erfolg zu lösen. Es bleibt nur ein Ausweg hierzu, der darin besteht, den Zu- und Abfluſs der Niederschläge durch zweckentsprechende Einrichtungen so zu regeln, daſs überhaupt keine so verheerenden Wasseransammlungen in den Thälern mehr stattfinden können wie bisher.

Die Möglichkeit eines solchen Erfolges zum voraus zu bezweifeln und deshalb diese Denkschrift ungelesen zu verurteilen, wäre unbillig; vielmehr dürfte jedem, dem das Gemeinwohl am Herzen liegt, zu empfehlen sein, die hier entwickelten Anschauungen zu prüfen und erst dann zu entscheiden, ob der bisherige, durch eine Reihe unberechtigter Eingriffe in den groſsen Haushalt der Natur hervorgerufene endlose Kampf mit der verderblichen Flut erfolglos

fortgesetzt und dadurch der Gesamtwohlstand sichtlich preisgegeben werden soll, oder ob es nicht vielmehr im öffentlichen Interesse gelegen ist, das Übel der jähen Überschwemmungen an seiner Wurzel zu fassen, d. h. die atmo-
sphärischen Niederschläge durch wohlgeordnete, über das
ganze Regengebiet systematisch verzweigte Weiheranlagen
periodisch zu sammeln und unter gleichzeitiger, möglichst
wirtschaftlicher Ausnutzung nach und nach in die Niederungen abzulassen.

Neu ist dieser Gedanke nicht; es wurde schon viel
darüber gesprochen und geschrieben, allein faktisch in An-
griff genommen wurde in dieser Beziehung noch nichts,
und muſs vor allem dahin gestrebt werden, die öffentliche
Aufmerksamkeit wiederholt dadurch auf die Sache zu lenken,
daſs man zeigt, von welcher hohen volkswirtschaftlichen
Bedeutung die Hochwasserfrage ist und wie sie mit Rück-
sicht auf unsere allgemeinen Kulturverhältnisse aufgefaſst
werden muſs, um sie ihrer gründlichen Lösung näher zu
bringen.

Ansbach, im März 1876.

Ökonomierat Classen,

Kreiskulturingenieur und I. Sekretär des landwirtschaftlichen
Kreiskomitees von Mittelfranken.

Zweites Vorwort.

Die im Jahre 1876 erschienene erste Auflage der Denkschrift, betreffend die Ursachen und Folgen der jähen Überschwemmungen und die Mittel zu deren Beseitigung, von Ökonomierat Classen hat zwar in Fachkreisen und bei einschlägigen Behörden großes Interesse erregt, vermochte aber in denjenigen Distrikten, welche den Classenschen Betrachtungen zu Grunde gelegt sind, so gut wie keine tiefer eingreifenden, dem Geiste der Classenschen Denkschrift entsprechende Anlagen ins Leben zu rufen.

Vor 14 Jahren bildete sich zwar unter dem Vorsitze des Herrn Reichsrats Lothar v. Faber der Verein zur Verbesserung der Wasserstandsverhältnisse im Regierungsbezirk Mittelfranken, dem als berufenster Fachmann Herr Ökonomierat Classen selbst zur Seite stand. Man arbeitete mit Energie und unterstützt durch das Wohlwollen der kgl. Kreisregierung und des kgl. Staatsministeriums des Innern, die Ideen der Denkschrift zum Segen der Landwirtschaft und zum Wohle der Industrie praktisch zu verfolgen; doch gelang es nicht, in Mittelfranken auch nur eine nennenswerte Anlage zur Durchführung zu bringen. Es blieb bei Projekten, die man an maßgebenden Stellen anerkannte, deren Durchführung aber an dem Mangel von Genossenschaftssinn scheiterte.

Im übrigen Bayern geschah noch weniger. Dort, wo die Wildwasser fast jährlich verheerend wirken, wo die Wassermassen nutzlos zu Thale brausen, konnte man sich am wenigsten zur That aufraffen.

Erst in der neueren Zeit rührt sich, wie allerorten, auch in unserem engeren Vaterlande das Bestreben, die Wasserkräfte besser auszunutzen, und Hand in Hand damit verwirklicht man, des Autors der ersten Denkschrift vergessend, doch dessen Ideen, welche zu jeder Wasserwirtschaft, habe sie den Zweck, Verheerungen hintan zu halten oder Wasser als Kraftquelle anzusammeln, die logischen Grundgedanken bilden.

Das Bestreben, rasch aufblühende Städte ausgiebig mit Wasser zu versorgen, Kraftzentralen zu schaffen, um in weiten Umkreisen die Industrie teils direkt mit konstanten Wassermengen, teils indirekt mittelst hochgespannter Ströme mit Kraft zu unterstützen; ausgiebige Bewässerungen zum Nutzen der Landwirtschaft zu gewinnen oder, was in Frankreich besonders durchgebildet ist, um die für Landwirtschaft und Handel gleich segensreichen Wasserstrafsen zu speisen, das sind die Haupttriebfedern unserer Zeit, an eine bessere Ausnutzung der Wasserkräfte und an eine rationellere Wasserwirtschaft zu denken, und so entstanden denn in den letzten 20 Jahren in Deutschland und anderwärts eine Reihe von Anlagen von solchem Umfange, von solcher Vielseitigkeit und technisch so durchgebildet, dafs man heute nur hinauszugehen braucht, um zu studieren, um sich von der Thatsache zu überzeugen, dafs mit Thalsperren und Stauweiheranlagen die verheerenden Wirkungen des Hochwassers vielfach zur segenspendenden Wasserreserve umgewandelt werden können; dafs die Landwirtschaft wie die Industrie den gleichen Nutzen aus solchen Anlagen ziehen; dafs in den gebannten

Wildwassern eine unermefsliche Kraftquelle, ein enormes Nationalvermögen liegt; dafs wir in dem Wasser eine nimmer versiegende Quelle nationalen Wohlstandes besitzen, wenn wir nur verstehen wollen, es auszunutzen.

Die Kenntnis dieser Thatsache in immer weiteren Kreisen zu verbreiten, den Sinn zu gemeinsamer Arbeit auf diesem Gebiet zu fördern und die Aufmerksamkeit mehr und mehr auf die technisch wie wirtschaftlich geradezu mustergültig durchgeführten Anlagen der neueren Zeit zu lenken, ist die Aufgabe dieser schlichten Schrift.

Möge sie eine freundliche Aufnahme finden und damit ihre Mission erfüllen.

Nürnberg, Mai 1899.

Der Verfasser.

Erstes Kapitel.

Die Ursachen und Folgen der Hochwasser.

Die alljährlich wiederkehrenden Winter- und Sommerhochwasser mit ihren verheerenden Wirkungen und Störungen industrieller Betriebe haben von jeher die vollste Aufmerksamkeit der Fachleute und der Staatsorgane auf sich gezogen.

Wenn man auch wufste, dafs man Hochwasser nicht zurückhalten könne, so suchte man doch ihre verheerenden Wirkungen möglichst abzuschwächen. Da, wo das Flufsbett den Wasserstrom nicht zu fassen vermochte, baute man Dämme und freute sich des Erfolges, bis eine grofse Flut das kostspielige Bollwerk durchbrach und sich die verheerenden Wasserwellen über die fruchtbaren Thäler ausbreiteten und in wenig Minuten zerstörten, was jahrelanger Fleifs erzeugt hatte. Mit grofsen Kosten baute man die Dämme wieder, erhöhte und verstärkte sie, bis aufs neue das verheerende Element die Thäler durchbrauste, die Werke bedrohte und nicht nur Fluren und Ernten vernichtete, sondern auch das fruchtbare Ackerland durchwühlte und mit fortschwemmte.

Anderswo schickte man sich in das Unvermeidliche. Man rechnete mit dem alljährlichen Hochwasser und seinen Verwüstungen und war zufrieden, wenn es kam, bevor die

Felder bestellt waren, oder wenn es nur einen Teil der bestellten Felder vernichtete.

Man fühlte sich der elementaren Gewalt gegenüber machtlos oder mußte seine Ohnmacht erkennen, wenn man den Kampf mit dem entfesselten Elemente aufnahm.

Wie viele traurige Erinnerungen knüpfen sich an den ewigen Kampf mit dem Wasser, und wie viele und große Enttäuschungen erlebten diejenigen, welche glaubten, sich und andere vor den Wasserfluten geschützt zu haben!

Und doch, betrachten wir die Ursachen der Hochwasser, untersuchen wir den ersten Wasserstrom, der zu Thale geht, und prüfen wir die Hänge und Gefilde, welche in erster Linie den Fluten preisgegeben sind, gar oftmals werden wir finden, daß wir hemmend hätten eintreten können und oftmals seit langem und unbewußt der Wassergefahr Vorschub geleistet haben.

Ein jedes Hochwasser wird durch den beschleunigten Abfluß der Niederschläge oder durch ein rasches, meist von warmen Regen begünstigtes Abschmelzen des Schnees verursacht. Die Erde vermag das sich rasch sammelnde Wasser nicht aufzunehmen, und so schießt es zu Thale, von rechts und links neues Wasser aufnehmend, an jeder Thaleinmündung sich mit neuen, hochgehenden Bächen verbindend, bis es wild tosend und brausend über die Ufer tritt und diese samt den angrenzenden Wiesen und Feldern durchwühlt, wie schon die immer trübere Färbung des Wassers andeutet. Was jetzt auch geschehen mag, Unheil abzuwenden ist vergebens, denn immer wilder und mächtiger wird der Strom, und nichts hält der entfesselten Kraft mehr stand!

Hat sich dann nach Tagen das Wasser verlaufen, so sehen wir niedergeschlagen das große Werk der Zerstörung.

Der leichte Sandboden ist thalabwärts getrieben, da und dort erheben sich die Sandbänke im Flufsbett; die fruchtbare Humusschicht der Felder ist weggeschwemmt, und der lockere Sand bedeckt die Wiesen. Wenige Bäume, die den Ufern Schutz geboten haben, liegen entwurzelt, und in grofsem Umkreise haben die tosenden Wirbel die Ufer verrissen. Die Werke, welche vielleicht schon seit Wochen und Monaten unter dem Wechsel des Wassers gelitten haben, sind unfähig, den Betrieb wieder aufzunehmen, denn sie müssen sich erst anschicken, die Schäden an den Wasserbauten auszubessern und für Wiedergewinnung des Gefälles und Schaffung freien Wasserabflusses das Unterwasser zu vertiefen.

Solche Zerstörungen finden wir namentlich in Thälern, welche stark abgeholzt wurden.

Im Hochgebirge ist gesunder, kräftiger Wald das einzige wirksame Schutzmittel gegen Wasserstürze. Wo der Wald fehlt und die Wasserbäche ungebrochen zu Thal stürzen, finden wir die grofsen Muren, gebildet aus Geröll und dem Humus, der die Felsen bedeckte und früher den Waldbeständen die Nahrung aus der Erde zuführte.

In den Mittelgebirgen fällt dem Walde weniger die Aufgabe zu, die Macht des Wasserstromes zu brechen, als die Erdschicht aufnahmsfähig für die Niederschläge zu machen und das Eindringen des Wassers behufs Speisung der unterirdischen Wasserbecken zu begünstigen. Soll aber der Wald diese Bedingung erfüllen, bedarf er des Unterholzes und der Streu, damit nicht Trockenheit an der Oberfläche den Waldboden verhärtet und ihm die Aufnahmefähigkeit für das Niederschlagswasser raubt.

Hier wird leider vielfach gefehlt! Gerade wo der Wald am wichtigsten ist, um Niederschläge zurückzuhalten, hat

man ganze Hänge auf einmal abgeschlagen. Wie oft
entbehren Waldungen vollständig des Unterholzes, und
überdies nimmt man durch unbedachtes und unmäſsiges
Streurechen das letzte Mittel, den Waldboden für Wasser
aufnahmsfähig zu machen!

Die traurigen Folgen bleiben hier auch nicht aus, denn
der Waldboden verhärtet zu Stein, das spärliche Gras ver-
dorrt, und die Niederschläge flieſsen über die harte Erd-
rinde hinweg, geben dem Waldboden keine Nahrung, so
daſs die Bestände anfangen, zu verkümmern, die Wasserbecken im Innern nicht mehr die Quellen zu speisen vermögen und in den höheren Regionen Mangel an Wasser
eintritt, während vielleicht thalabwärts die rasch abstürzenden
Wassermengen Verheerungen anstellen.

In alter Zeit hat man sich nicht nur damit begnügt,
auf kräftige Waldbestände zu sehen, sondern man hat sogar allerorten groſse Waldweiher angelegt, um, wenn auch
ohne systematische Anordnung, das Niederschlagswasser in
den Wäldern zurückzuhalten. Über diese alten Waldweiher wurden in Mittelfranken schon vor Jahren Erhebungen gepflogen, indem das Kreis-Komitee des Landwirtschaftlichen Vereins unter Beihilfe der kgl. Bezirksämter
und kgl. Forstbehörden eine Übersicht der trocken gelegten
und noch vorhandenen Weiherflächen zusammenstellte. Aus
diesen Erhebungen ergab sich, daſs auf 735805 ha des
Regierungsbezirkes Mittelfranken ehedem 2624,13 ha Weiherflächen trafen, von welchen jetzt nur noch 1675,42 ha
mit Wasser gefüllt sind, während 948,71 ha trocken gelegt
wurden. Man hat also nach und nach über 36% der ehe-
maligen Weiher der ursprünglichen Bestimmung entzogen,
und verschiedene Anregungen, sie wieder anzulassen, um
den fränkischen Wäldern aufzuhelfen und das Niederschlagswasser in denselben zurückzuhalten, blieben erfolglos.

Auch eine alte Karte aus dem Jahre 1691, welche das zur alten Reichsstadt Nürnberg gehörige Gebiet darstellt und die grofsen Forste St. Sebald und St. Laurenzi in sich einschliefst, gibt Zeugnis von den vielen ehemals in beiden Forsten verteilt gelegenen Weihern. Heute sucht man vergebens nach denselben; eine verfehlte Kultur hat sie mit vielen Kosten trocken gelegt, wie man überhaupt vielfach eifrigst bemüht war, das Wasser möglichst rasch den Wäldern zu entführen.

Wir erkennen also in den Kahltrieben wie in den Entwässerungen der Wälder nicht zu unterschätzende Ursachen gefährlicher Hochwasser und können nicht genug empfehlen, bei den Versuchen, gegen Hochwasser anzukämpfen, der Waldkultur vollste Aufmerksamkeit zu schenken, abgesehen davon, dafs gerade Waldungen an sich unsere klimatischen Verhältnisse günstig beeinflussen und uns die sauerstoffreiche, reine Luft spenden, welche wir zu unserem Wohlbefinden absolut nötig haben.

Wer sich auch noch mit der Frage der Hochwasserbildung beschäftigt hat, stützte sich auf diese drei Hauptpunkte: beschleunigter Abflufs des Niederschlagswassers, Devastation der Wälder und Entwässerung der Waldbestände.

1876 baute Ökonomierat Classen in der ersten Auflage seiner Denkschrift seine Theorie auf diese Kardinalpunkte auf; später, als 1888 Professor O. Intze im Auftrage des Vereins deutscher Ingenieure seine Vorträge über die bessere Ausnutzung der Gewässer und der Wasserkräfte und möglichste Begegnung der Wasserschäden hielt, stützte er sich auf die gleichen Grundanschauungen. Direktor Borchardt widmet in seinem erst 1897 erschienenen Werke über die Remscheider Stauweiheranlage, sowie Beschreibung von 450 Stauweiheranlagen, den gleichen drei

Punkten seine Aufmerksamkeit, und gleich vielen anderen spricht sich auch der Geologe Professor Dr. F. Frech in seinem Aufsatze über Muren in gleicher Weise aus.

Unter einem zu raschen Abflusse der Niederschläge und den damit zusammenhängenden Überschwemmungen leiden Land- und Forstwirtschaft in gleich hohem Grade wie unsere Industrie, und nicht minder tief einschneidend sind die Folgen der Überschwemmungen in unserem öffentlichen und privaten Leben.

Es wurde schon erwähnt, daſs das abfliefsende Tagwasser einen namhaften Teil der Ackerkrume mit fortschwemmt, wie es an dem getrübten und dunkel gefärbten Wildwasser bemerkbar ist. Zwar finden wir das abgeschwemmte Material zum Teil in tieferen Lagen wieder und können es nutzbar machen; der weitaus gröfsere Teil ist aber der Landwirtschaft verloren, und man ahnt nicht, welch' enorme Quantitäten abgeschwemmten Landes von dem Wasser entführt werden.

Professor Intze berichtet uns, daſs in Frankreich durch die Flüsse jährlich so viele düngende Sinkstoffe ins Meer geführt werden, daſs deren Wert auf 30 Millionen Franken geschätzt wird, und die Elbe bei Lobsitz in Böhmen jährlich 975 Millionen kg Stoffe teils schwebend, teils gelöst mit sich führt!

Diese gewaltigen Sinkstoffmassen, welche die Flüsse mit sich führen, hat man schon nutzbringend an der Mosel in Lothringen, wo man durch Berieselung in den Jahren 1827—1847 3200 Morgen Wiesenland erzeugt hat, verwertet oder zur Erhöhung der Bodenflächen benutzt, wie z. B. in Toskana die Maremmen, welche eine Fläche von 1200 ha besitzen und durch 120 Millionen cbm Schlamm und Sinkstoffe erhöht wurden. Auch das trübe, schlammige

Wasser der Durance leitet man weit verzweigt durch das Gelände, damit es seine düngenden Sinkstoffe zum Nutzen der Landwirtschaft absetzen kann.

Mit der fortgesetzten Abspülung aber geht die all-mähliche Versandung und Verschlammung der Bäche und Flüsse und hierdurch die Erhöhung der Flufsbette und die zunehmende Versumpfung der Thäler Hand in Hand.

In sandigen Gegenden unterspülen schon geringe An-schwellungen des Wassers die losen Ufer; gröfsere Wasser waschen die Sandhalden ab oder führen sie gleich gänzlich mit sich fort. Daher kommt es, dafs sich mit jedem Hoch-wasser oft erstaunlich grofse Sandmassen mit fortwälzen, auf Äckern und Wiesen niederlegen und die Flufsbette ver-legen. Mit jedem Hochwasser schieben sie sich um ein Stück weiter, bis sie irgendwo lästig und mit grofsen Kosten ausgebaggert werden. Es war deshalb schon seit Jahren das Bestreben des »Vereins für Verbesserung der Wasser-standsverhältnisse im Regierungsbezirk Mittelfranken«, dafür einzutreten, den grofsen Versandungen im Main durch syste-matische Korrektur der Zuflüsse und Befestigung deren Ufer vorzubeugen und gleichzeitig die fränkische Landwirt-schaft und Industrie zu unterstützen.

Es würde dies allerdings eine langwierige und viel ver-zweigte Arbeitsleistung bedeuten, doch würde richtige Auf-forstung, Beseitigung aller nackten Sandhalden und sach-gemäfse Ufersicherung eine bessere Kapitalsanlage bedeuten, als gezwungene Arbeitsleistungen am unteren Flufslauf, denn dort sind die Baggerarbeiten zum grofsen Teil nichts anderes als die Folgen der Unterlassungssünden, begangen an den oberen Flufsläufen.

Überläfst man aber auch in den unteren Flufsläufen die abgeschwemmten Sand- und Sinkstoffmassen ihrem

Schicksal, so treten Versumpfungen ein, es wird die Vegetation
der Wasserpflanzen begünstigt, infolge der Erhöhung der
Flußbette werden die Ufer immer niederer, und schon
mäßige Niederschläge genügen, das Wasser aus den Ufern
zu drängen und die angrenzenden Grundstücke zu über-
schwemmen.

Hiefür gibt unser fränkisches Gebiet leider recht in-
struktive Beispiele. Im Altmühlthale, das wegen seiner
Versumpfungen und Verwachsungen berüchtigt ist, hat man
sich innerhalb der Bezirksämter Feuchtwangen, Gunzen-
hausen und Weißenburg infolge der alljährlichen Sommerhochwasser längst daran gewöhnt, nur ein e Ernte, eine
Heu- oder Grummeternte zu erhalten, und ähnliche Verhältnisse liegen in den Thälern der Wörnitz, Aisch und
Zenn und ihrer Zuflüsse vor. Auch im Pegnitz- und Rednitz-
thale haben die Versandungen der Thalgründe schon häufig
zu empfindlicher Schädigung der Landwirtschaft geführt.

Auch die Industrie hat schon längst eingesehen, daß
sie mit diesen gewichtigen Faktoren zu rechnen habe. Überall,
wo an den Flüssen sich gewerbliche Betriebe etwas entwickelt haben, sehen wir die Rauchwolken aufsteigen und
die Dampfkraft neben der Wasserkraft. Es paßt nicht
mehr in unsere heutigen Verhältnisse, zu warten, bis das
Hochwasser sich verlaufen hat, oder bis in dem Flußbett
die normalen Verhältnisse wieder hergestellt sind. Man
verzichtet gewissermaßen auf eine Naturkraft, weil sie sich
nicht geregelt zur Verfügung stellt und man vielfach noch
nicht den Rang gefunden hat, sie zu bannen und sie sich für
alle Fälle nutzbar zu machen. Das »Zu viel« hilft uns nicht
nur nichts in unserer Industrie, sondern es schädigt unsere
Werke, es bringt uns Geröll und Sand in unsere Wasserbauten und hindert uns auch hierdurch in unseren Arbeits-
verrichtungen. Und das »Zu wenig«, das sich zur Zeit

der Trockenheit ergibt, legt die Industrie vollends gänzlich lahm und hat überdies zur Folge, daſs sich Industrie und Landwirtschaft beständig in den Haaren liegen und befehden. Jeder Teil hat das Recht auf das Wasser; der eine gebraucht es, um seine Wiesengründe durch Bewässerung ertragsfähig zu machen, der andere, um seine Mühle oder sein Werk zu betreiben, ein jeder ist auf die Naturgabe und Naturkraft angewiesen, b e i d e müssen sich in dieselbe teilen, obwohl sie oft nicht groſs genug ist, e i n e n Teil zu befriedigen.

Aber auch unser privates und öffentliches Leben wird in unangenehmster Weise von den Überschwemmungen beeinfluſst. Die wechselseitigen Beziehungen der Gemeinden untereinander, der Verkehr zwischen Stadt und Land verträgt Störungen, wie sie die Hochwasser mit sich bringen, nicht mehr. Die Unterbrechung des Verkehrs auf den Hauptstraſsen, das Abgeschnittensein von den Bahnstationen, kann unsere rasch handelnde Zeit nicht mehr ertragen. Es sind deshalb allüberall Regulierungen der Straſsen vorgenommen worden, um auch bei Hochwasser den Verkehr aufrecht halten zu können; man rechnete auch hier auf dem Privateigentum, in den Gemeinden und im Staat mit den lästigen Überschwemmungen und fügte sich willig darein, an den Kunstbauten alljährlich das auszubessern, was wilde Hochwasser an Bahn- und Straſsendämmen, an Brücken etc. beschädigt haben.

Aber auch auf die N a t u r sind die veränderten Verhältnisse, welche ein z u r a s c h e r A b f l u ſs d e s N i e d e r s c h l a g s w a s s e r s bewirkt hat, nicht ohne Einfluſs geblieben.

Vor allem muſs auffallen, wie sich die Singvögel aus den trockenen und kargen Waldungen zurückziehen. Aber auch die Ichneumoniden, die Schlupfwespen, welche ihre Eier in die Larven anderer Insekten, z. B. des Kiefer-

spanners, legen, sterben aus, und so kann es nicht wunder
nehmen, wenn in den dürren Wäldern sich die Schädlinge
der Bestände in das Unendliche vermehren und die Waldungen zu Grunde richten. Wie weit solche Waldver-
wüstungen gehen können, haben wir gerade in dem Reichs-
walde bei Nürnberg ersehen, wo 11812 ha Wald dem
Kieferspanner zum Opfer fielen.

Wir sehen also, daſs unser Segen nur in einer rationellen Wasserwirtschaft liegt! Fragen wir aber, was wir
unter einer solchen verstehen, so können wir dies nicht
treffender beantworten als mit den Worten von Geheimrat
Professor R e u l e a u x, entnommen seinem Vortrage »Über
das Wasser in seiner Bedeutung für die Völkerwohlfahrt«:
W a s s e r w i r t s c h a f t   i s t   d i e   s y s t e m a t i s c h e, d u r c h
S i t t e   u n d   G e s e t z   g e r e g e l t e   B e n u t z u n g   d e r   v o n
d e r   N a t u r   u n r e g e l m ä ſ s i g   g e l i e f e r t e n,   d u r c h
M e n s c h e n w e r k   a l l e i n   g e o r d n e t e n   W a s s e r z u f u h r!

Zweites Kapitel.

Über die Mittel zur Bekämpfung der Hochwasser.

Über Miſserfolge bei dem Bestreben, Hochwasser zu
bekämpfen, liegt ein reiches Material vor; doch sind erfreu-
licherweise auch befriedigende Erfolge zu verzeichnen.

Die ersteren, die Miſserfolge, stützen sich alle auf das
Bestreben, das stark entfesselte Element zu bannen, und
knüpfen sich an Dämme und andere Schutzbauten.

Wahre Erfolge aber hat man dort erzielt, wo man es
sich zur Aufgabe gemacht hat, das Niederschlagswasser
schon auf den Höhen zurückzuhalten, da, wo man bestrebt

war, das im Entstehen begriffene Übel zu fassen. Wir
dürfen nicht warten, bis sich die Wassermassen in den
Niederungen gesammelt haben, nachdem sie schon da und
dort Unheil angestellt und eine unermefsliche Kraft erlangt
haben, sondern wir müssen den Kampf mit den
Niederschlägen schon im kleinen beginnen, indem man dieselben in systematisch über das ganze Regengebiet verteilten Weiheranlagen in Wald und Flur sammelt.
Hierdurch beseitigen oder verringern wir wenig-
stens die nachteiligen Folgen des zu raschen
Abflusses und der dadurch bedingten Hochwasser und schaffen gleichzeitig den Vorteil
einer Wasserreserve, wenn zur Zeit grofser und lang-
anhaltender Trockenheit die Landwirtschaft nach Wasser
lechzt und der Industrie die Kraftquelle auszugehen droht.

Will man aber solchen Projekten nähertreten, so sind
eingehende Vorstudien nötig und müssen auf viele Jahre
zurück eingehende Erhebungen gepflogen werden, um ein
wahres Bild von den hydrotechnischen Verhältnissen zu
gewinnen.

Der wichtigste Faktor bei dem Bestreben, schadenbringenden Hochwassern entgegenzutreten oder Wassermengen behufs Ausnutzung zur Zeit eintretender Trockenheit zurückzuhalten, ist die genaue Kenntnis der Niederschlagsmengen.

In früheren Zeiten wurden die Aufzeichnungen der
Regenhöhen nicht systematisch genug durchgeführt, um als
zuverlässige Grundlagen dienen zu können. Es waren viel-
fach private Beobachtungen, die, wenn sie auch mit gröfster
Gewissenhaftigkeit erfolgten, nur sehr lokalen Wert hatten
und meist nicht so erschöpfend waren, dafs man ein genaues
Bild über die Gesamtniederschlagsmengen eines ganzen
Flufsgebiets, also eines Sammelbeckens, erhalten konnte.

Einen grofsen Fortschritt bedeuten in dieser Richtung die Aufzeichnungen der meteorologischen Stationen, welche an einer Zentralstelle gesammelt und tabellarisch. geordnet werden, so dafs nunmehr auf Jahre zurück behufs Erlangung zuverlässiger Mittelwerte ein vortreffliches Material zur Verfügung steht.

So standen z. B. der kgl. bayer. meteorologischen Zentralstation zu München 1893 die Beobachtungen aus 81 einzelnen Stationen zur Verfügung, 1895 erhöhte. sich die Anzahl der Stationen auf 96, im Jahre 1896 auf 104, im Jahre 1897 auf 118 Stationen, und seit Eröffnung. des hydrotechnischen Bureaus zu München sind die Niederschlagsstationen auf das Doppelte vermehrt worden; so dafs sich von Jahr zu Jahr das Bild über die Niederschlagsmengen zuverlässiger und getreuer gestalten läfst.

Von nicht geringerem Werte sind auch die analog zusammengestellten Tabellen über die Dicken der Schneedecken, so dafs nur noch festzustellen übrig bleibt, welcher Prozentsatz der Niederschlagsmengen in den einzelnen Thälern zum Abflufs gelangt und wie viel Schneewasser erfahrungsgemäfs zu Thale geht, um konstatieren zu können, mit welchem Maximalwerte der Hydrotechniker zu rechnen hat, wenn er an die Frage herantritt, wie man Hochwasserschäden begegnen könne.

Es würde hier zu weit führen, die Tabellen für grofse Gebiete wiederzugeben. Um aber den Wert der meteorologischen Aufzeichnungen darzuthun und gleichzeitig unser mittelfränkisches Gebiet genauer zu untersuchen, geben wir eine Übersicht der Stationen zu Ansbach, Weissenburg a. S., Nürnberg, Erlangen und Bamberg, welche das Rezat-, Rednitz- und zum Teil auch das Regnitzgebiet beherrschen, und zwar stellen wir für die Jahre 1893 bis 1897 die Monatssummen untereinander, so dafs sich ein 5jähriges

Monatsmittel ergibt, und ergänzen diese Tabelle durch eine solche für die Maximalniederschläge einzelner Tage in diesem Quinquennium.

Tabelle I.

Jahr	Monat	Ansbach	Weissenburg a.S.	Nürnberg	Erlangen	Bamberg
1893	Januar	55,8	50,5	58,2	42,5	42,5
1894	»	11,8	20,7	17,6	20,9	20,3
1895	»	63,4	66,5	61,8	63,7	64,2
1896	»	28,8	43,2	36,7	55,6	39,4
1897	»	21,5	25,4	28,8	21,0	31,9
	Summe	181,3	206,3	203,1		
	Mittel aus 5 Jahren	36,3	41,3	40,6		
			39,4			
1893	März	25,0	32,3	24,4	7,2	23,9
1894	»	27,7	24,7	35,0	28,6	32,4
1895	»	39,5	62,0	42,9	38,2	58,6
1896	»	63,7	85,3	55,3	50,5	54,2
1897	»	51,0	56,4	45,2	51,1	58,8
	Summe	206,9	260,7	202,8		
	Mittel aus 5 Jahren	41,4	52,1	40,6		
			44,7			
1893	Februar	54,1	42,8	44,1	27,4	63,1
1894	»	33,3	45,9	33,7	53,5	48,7
1895	»	21,3	28,6	24,8	20,0	22,3
1896	»	10,2	10,6	8,5	5,1	13,0
1897	»	79,2	62,1	67,5	80,2	54,8
	Summe	198,1	190,0	178,6		
	Mittel aus 5 Jahren	39,6	38,0	35,7		
			37,8			
1893	April	0,5	—	1,1	2,0	1,4
1894	»	72,2	50,4	68,1	87,7	54,7
1895	»	40,2	38,9	25,9	31,3	43,1
1896	»	72,6	89,8	58,8	57,3	69,7
1897	»	47,2	52,7	36,7	50,0	25,5
	Summe	232,7	231,8	190,6		
	Mittel aus 5 Jahren	46,5	46,4	38,1		
			43,7			

Jahr	Monat	Ansbach	Weissenburg a.S.	Nürnberg	Erlangen	Bamberg
1893	Mai	20,8	34,8	69,5	52,0	45,5
1894	"	37,7	54,8	58,2	52,4	60,9
1895	"	103,6	120,7	92,4	82,7	69,6
1896	"	65,5	69,9	36,0	23,6	12,5
1897	"	89,9	83,0	89,7	93,8	87,7
	Summe	317,5	363,2	345,8		
	Mittel aus 5 Jahren	63,5	72,6	69,2		
			68,5			
1893	Juli	129,3	98,4	79,8	80,8	105,9
1894	"	90,7	86,4	96,8	126,4	77,0
1895	"	36,4	59,2	37,9	56,6	49,2
1896	"	93,9	77,1	88,1	72,3	102,9
1897	"	70,7	109,0	90,4	73,9	83,0
	Summe	421,0	430,1	393,0		
	Mittel aus 5 Jahren	84,2	86,0	78,6		
			82,9			

Jahr	Monat	Ansbach	Weissenburg a.S.	Nürnberg	Erlangen	Bamberg
1893	Juni	53,1	68,6	39,1	63,6	35,1
1894	"	58,2	69,0	60,2	62,1	58,0
1895	"	21,0	46,3	65,2	78,3	59,9
1896	"	140,1	144,6	181,2	152,4	123,6
1897	"	135,1	93,2	80,0	65,3	44,9
	Summe	407,5	421,7	425,7		
	Mittel aus 5 Jahren	81,5	84,3	85,1		
			83,6			
1893	August	31,2	21,5	25,3	39,6	36,0
1894	"	57,3	78,4	53,3	78,1	49,8
1895	"	67,1	98,0	59,8	57,7	50,4
1896	"	42,6	79,4	58,1	52,9	35,9
1897	"	89,9	114,3	87,2	111,1	73,6
	Summe	288,1	391,6	283,7		
	Mittel aus 5 Jahren	57,6	78,3	56,7		
			64,2			

Jahr	Monat	Ansbach	Weissenburg a.S.	Nürnberg	Erlangen	Bamberg
1893	September	83,1	73,5	59,2	51,3	64,3
1894	"	84,6	74,6	71,5	71,7	67,3
1895	"	8,1	15,0	14,3	8,0	5,5
1896	"	81,4	85,3	70,3	58,9	68,0
1897	"	95,6	91,1	88,8	93,3	98,8
	Summe	352,8	339,5	304,1		
	Mittel aus 5 Jahren	70,6	67,9	60,8		
			66,4			
1893	November	42,2	89,1	49,3	38,7	62,0
1894	"	16,1	9,2	9,9	13,0	11,4
1895	"	70,9	83,1	72,0	65,8	53,9
1896	"	12,5	11,1	15,3	12,1	17,8
1897	"	11,7	17,1	9,2	10,6	13,9
	Summe	153,4	209,6	155,7		
	Mittel aus 5 Jahren	30,7	41,9	31,1		
			34,6			

Jahr	Monat	Ansbach	Weissenburg a.S.	Nürnberg	Erlangen	Bamberg
1893	Oktober	67,8	59,4	68,9	51,3	82,0
1894	"	123,8	115,5	110,2	111,2	102,2
1895	"	42,9	50,4	43,5	52,4	48,7
1896	"	56,7	69,6	58,3	67,1	52,3
1897	"	19,9	22,7	15,1	15,3	11,2
	Summe	311,1	317,6	296,0		
	Mittel aus 5 Jahren	62,2	63,5	59,2		
			61,1			
1893	Dezember	16,7	14,6	20,1	16,6	22,7
1894	"	36,9	65,4	40,2	49,8	53,2
1895	"	132,9	101,3	88,4	140,3	68,8
1896	"	29,0	26,3	28,3	23,3	27,7
1897	"	27,1	23,1	21,7	31,2	42,1
	Summe	242,6	230,7	198,7		
	Mittel aus 5 Jahren	48,5	46,1	39,7		
			44,8			

Tabelle II.

Jahr	Monat	Ansbach	Weissenburg a. S.	Nürnberg	Erlangen	Bamberg
1893	Januar	10,1	10,9	12,4	14,6	7,5
1894	”	2,8	4,8	4,8	6,4	6,3
1895	”	16,8	9,4	8,4	8,4	9,6
1896	”	6,2	6,9	8,3	21,5	12,2
1897	”	3,6	7,2	4,7	4,4	6,3
Tagesmaximum					21,5	

Jahr	Monat	Ansbach	Weissenburg a. S.	Nürnberg	Erlangen	Bamberg
1893	Februar	9,8	8,3	14,6	10,6	13,6
1894	”	7,8	10,8	8,8	13,4	13,1
1895	”	3,2	5,3	3,8	3,3	4,7
1896	”	3,7	3,1	2,3	2,2	6,0
1897	”	17,7	15,1	13,3	17,0	19,4
Tagesmaximum						19,4

Jahr	Monat	Ansbach	Weissenburg a. S.	Nürnberg	Erlangen	Bamberg
1893	März	7,7	6,5	5,0	1,8	7,0
1894	”	8,0	6,7	9,6	5,8	7,8
1895	”	9,6	15,8	7,1	7,8	11,6
1896	”	16,3	24,3	14,3	10,5	8,9
1897	”	5,8	16,5	6,9	7,5	15,0
Tagesmaximum			24,3			

Jahr	Monat	Ansbach	Weissenburg a. S.	Nürnberg	Erlangen	Bamberg
1893	April	0,5	0,0	1,1	1,5	1,3
1894	”	22,6	26,1	25,0	29,4	18,4
1895	”	11,8	7,9	4,2	6,3	8,2
1896	”	12,1	15,0	5,6	5,9	12,5
1897	”	6,6	7,4	5,3	12,3	3,7
Tagesmaximum					29,4	

Jahr	Monat	Ansbach	Weissenburg a.S.	Nürnberg	Erlangen	Bamberg
1893	Mai	3,8	11,1	40,7	14,0	24,2
1894	"	6,7	8,7	9,9	13,6	26,0
1895	"	31,0	21,5	26,7	24,3	30,9
1896	"	23,3	27,3	13,1	7,4	4,6
1897	"	24,8	14,1	22,4	14,6	13,0
Tagesmaximum				40,7		

Jahr	Monat	Ansbach	Weissenburg a.S.	Nürnberg	Erlangen	Bamberg
1893	Juni	15,5	15,0	11,2	15,6	8,2
1894	"	12,5	19,5	12,1	10,7	13,7
1895	"	5,5	16,1	23,6	18,5	16,1
1896	"	52,4	29,5	51,2	40,1	26,3
1897	"	50,8	35,0	29,6	12,3	17,2
Tagesmaximum		52,4				

Jahr	Monat	Ansbach	Weissenburg a.S.	Nürnberg	Erlangen	Bamberg
1893	Juli	70,8	37,5	19,1	30,1	42,6
1894	"	14,6	19,8	14,2	18,5	14,7
1895	"	8,3	18,0	8,6	10,5	15,9
1896	"	32,0	17,0	27,3	13,1	22,6
1897	"	13,9	29,4	26,2	15,9	17,3
Tagesmaximum		70,8				

Jahr	Monat	Ansbach	Weissenburg a.S.	Nürnberg	Erlangen	Bamberg
1893	August	10,0	9,0	11,3	8,8	8,6
1894	"	17,1	19,0	7,8	12,4	7,1
1895	"	17,2	30,1	19,0	19,5	17,2
1896	"	14,5	38,5	19,6	19,5	7,7
1897	"	18,7	27,8	12,0	17,2	13,9
Tagesmaximum			38,5			

Jahr	Monat	Ansbach	Weissenburg a. S.	Nürnberg	Erlangen	Bamberg
1893	September	20,3	16,7	9,4	9,4	18,4
1894	»	17,0	19,3	13,3	11,4	11,0
1895	»	5,9	13,0	9,2	2,7	2,6
1896	»	11,6	20,0	10,3	10,6	17,3
1897	»	14,7	21,4	16,5	16,6	30,1
	Tagesmaximum		21,4			

Jahr	Monat	Ansbach	Weissenburg a. S.	Nürnberg	Erlangen	Bamberg
1893	November	7,0	29,8	15,4	6,6	15,6
1894	»	8,3	6,5	3,6	3,7	4,4
1895	»	31,6	28,8	34,5	25,3	15,6
1896	»	3,5	2,4	4,8	5,1	5,8
1897	»	5,0	13,1	3,5	3,5	4,6
	Tagesmaximum			34,5		

Jahr	Monat	Ansbach	Weissenburg a. S.	Nürnberg	Erlangen	Bamberg
1893	Oktober	20,1	17,8	17,7	11,7	26,3
1894	»	17,9	21,2	22,7	23,0	15,1
1895	»	10,1	9,8	8,3	8,8	12,8
1896	»	16,2	23,7	20,9	13,2	18,3
1897	»	7,9	8,4	9,5	6,7	3,3
	Tagesmaximum					26,3

Jahr	Monat	Ansbach	Weissenburg a. S.	Nürnberg	Erlangen	Bamberg
1893	Dezember	3,2	6,3	3,5	3,5	4,8
1894	»	5,6	16,3	6,6	9,3	9,0
1895	»	76,0	54,5	47,6	40,8	32,7
1896	»	9,3	6,2	8,4	7,2	5,9
1897	»	6,6	8,5	7,1	9,2	10,9
	Tagesmaximum		54,5			

Die Tabelle I enthält die Monatssummen der Nieder-
schläge. Aus den fünfjährigen Mittelwerten ergibt sich für
die Wintermonate Januar, Februar, März, Oktober, November,
Dezember ein Monatsmaximum von 61,1, das auf den
Oktober fällt. Für die Sommermonate April, Mai, Juni, Juli,
August und September ein Monatsmaximum von 83,6 im Juni.

Die Tabelle II enthält die täglichen Maximalniederschläge eines jeden Monats, und ersehen wir, dafs in den
Wintermonaten während der zusammengestellten fünf Jahre
das Tagesmaximum mit 54,5 in den Dezember fällt, das Tagesmaximum für die Sommermonate mit 70,8 in den Juli trifft.

Die Tabellenwerte können für die Sommermonate
ohne weiteres verwendet werden. Für die Wintermonate
aber wären noch die Schneedecken resp. die Wasserabflüsse
aus denselben ergänzend zu berücksichtigen.

Ein zweiter ebenso wichtiger Faktor ist die genaue
Kenntnis des Niederschlagsgebietes. Auch hierfür
liegt uns heute ein vorzügliches Hilfsmaterial vor, denn in
allen Staaten haben wir die auf das genaueste durch-
gearbeiteten Blätter der Generalstabskarten zu unserer
Verfügung, die in den neuesten Auflagen auch mit den
Höhenkurven ausgestattet sind, und aus denen plani-
metrisch die Flächen der Niederschlagsgebiete direkt bestimmt werden können.

In Bayern ist man aber in dem 1898 errichteten
Hydrotechnischen Bureau eben daran, die Bestimmung
der Niederschlagsgebiete für alle Haupt-, Neben- und Zuflufs-
gebiete systematisch zu bestimmen und in einem tabellari-
schen Werke mit zugehöriger Übersichtskarte und Detail-
karten der einzelnen Flufsgebiete zusammenzustellen, so dafs
in einigen Jahren die Tabellenwerte dieses Werkes ohne
weiteres für diese Bestimmungen zu Grunde gelegt werden
können.

2*

Es werden also die Arbeiten der meteorologischen
Zentralstation einerseits und des Hydrotechnischen
Bureaus andererseits ein Material an die Hand geben,
das eine rasche und dabei äufserst korrekte Projektierung
gestattet.

Stets werden aber noch eine Reihe von Beobachtungen
nötig sein, wenn man der Frage der Zurückhaltung von
Niederschlagswasser näher treten will, denn in diesem Falle
handelt es sich um diejenigen Mengen, welche durchschnittlich zum Abflufs gelangen. Es spielen also die Gestaltung
der Oberflächen, ob Äcker, ob Wiesen, ob Wald, die geo-
logischen Verhältnisse in Verbindung mit der Frage, ob
man es mit Lehm oder Sandboden zu thun hat, die Jahres-
zeiten, ob der Boden aufnahmefähig oder gefroren ist, wohl-
berechtigte Rollen.

Theoretisch wird man in dieser Richtung wenig Genaues
feststellen können, weshalb es sich empfehlen wird, durch
direkte Versuche und Messungen in jedem einzelnen Thale
die Abflufsmengen festzustellen und zu bestimmen, welchen
Prozentsatz diese Abflufsmengen von den Niederschlagsmengen bilden.

Nehmen wir an, dafs in einem Regengebiet von 100 ha
eine Regenmenge von 108,6 mm beobachtet wurde und
sich ergab, dafs 60% der Totalregenmenge zum Abflufs
gelange, so werden wir auf jeden Quadratmeter Niederschlagsgebiet 60% von 0,1086 cbm oder 0,06516 cbm zu
rechnen haben. Wir werden also auf das Gebiet von 100 ha
65160 cbm Niederschlagswasser rechnen müssen, zu dessen
Fassung Weiher von

$$\frac{65\,160}{1,5} = 43\,440 \text{ qm oder } 4,344 \text{ ha Fläche}$$

nötig sind, wenn man für die Weiher 1,5 m mittlere Tiefe
annimmt.

Hiermit wird man aber nicht auskommen, denn man wird sich nicht damit begnügen, das Wasser einmal zurückzuhalten, man wird sich eine bestimmte Wassermenge bleibend sichern, um zur Zeit der Trockenheit im Sommer Wasser für landwirtschaftliche und industrielle Zwecke zur Verfügung zu haben. Wie viel hierfür nötig ist, wird von Fall zu Fall je nach den vorliegenden Verhältnissen zu bestimmen sein; obige 65 160 cbm müssen dann in der Weise berücksichtigt werden, daſs der normal gefüllte Weiher auch noch diese aufzunehmen imstande ist. Wird alsdann der Weiher bis zum Normalpegelstande abgelassen, so wird er wieder für neue Niederschlagsmengen aufnahmefähig, und hat man es bei starken Regengüssen im Sommer ziemlich in der Hand, jähen Überschwemmungen vorzubeugen und sich den Überschuſs an Wasser in den trockenen Monaten nutzbar zu machen. Im Winter wird es sich empfehlen, einen möglichst niederen Wasserstand in dem Sammelweiher als normal anzunehmen, um bei schnellen Schneeschmelzen eine möglichst groſse Menge Wasser zurückhalten zu können.

Ökonomierat Classen empfiehlt für Anlage von Weihern ein System von kleineren Einzelweihern und begründet diese Anschauung damit, daſs diese Weiher, wie sie sich nach und nach gefüllt haben, auch nach und nach wieder abgezapft und nutzbar gemacht werden können.

Professor Intze dagegen spricht mehr zu Gunsten von groſsen Sammelweihern und hat auch mit groſsen Sammelbecken die Absichten, welche er zu erreichen versprochen hat, in glänzender Weise erreicht.

Die Frage prinzipiell zu entscheiden, ist kaum möglich; es sprechen dabei die örtlichen Verhältnisse eine zu gewichtige Rolle; nur das eine kann festgelegt werden, daſs

überall, wo Kunstbauten gröfseren Umfanges nötig sind,
die Einzelanlage die billigere sein wird.

Auch über die Frage, wo solche Sammelbecken am
zweckdienlichsten angeordnet werden, läfst sich prinzipiell
wenig sagen, auch hier entscheidet die Örtlichkeit. Manch-
mal sind alle Vorbedingungen für Anlage einer Sperrmauer
gegeben, und hat in solchen Fällen die Natur selbst am
deutlichsten die Stellen bezeichnet, wo Weiher anzulegen
sind. Hat man freie Hand, wird man vielleicht zweck-
dienlicherweise jedes Thal mit einem Sammelbecken beherrschen oder ein solches nahe bei der Vereinigung zweier
Thäler anordnen, um in einer einzigen grofsen Anlage das
Abflufswasser zweier Thäler aufzunehmen.

———

Drittes Kapitel.

Über die Vorteile und den wirtschaftlichen Nutzen von Sammelweihern und Thalsperren.

Merkwürdigerweise gibt es in unseren Tagen noch
immer Leute, sogar unter denen, die nicht ohne grofsen
Einflufs im öffentlichen Leben wirken, welche, wenn sie das
Wort »Stauweiher« hören, den Akt abschliefsen, denn sie
erkennen in den »Stauweihern« nur Hirngespinnste
einzelner Spezialisten, kostspielige Kunstanlagen ohne jeg-
lichen praktischen Wert, und »Thalsperren« verursachen
ihnen sogar ein unheimliches Gruseln, da dieselben bei
ihnen nur als ein Damoklesschwert angesehen werden, das
über den Thälern schwebt.

Männern mit solchen Anschauungen kann nur entgegen-
gehalten werden, dafs sie weder über den theoretischen
noch über den praktischen Wert von Sammelbecken je

nachgedacht, daſs sie sich über ein halbes Jahrhundert von
der Aufsenwelt abgeschlossen haben und daſs ihre litterari-
schen Kenntnisse nicht über die Zeitungsmitteilungen hinaus-
gehen, in welchen der Bruch der Sperrmauer des Stauweihers bei Montreux und der Durchbruch des Dammes
bei Deichselfurt in Oberbayern gemeldet wurde. Es ist
ihnen unbekannt geblieben, daſs man in allen Weltteilen
und in neuerer Zeit auch in Deutschland Stauweiher- und
Thalsperranlagen geschaffen hat, die vielen Thälern zum
Segen geworden sind, welche die Industrie neu belebt
haben und welche ausgedehnte Landstriche vor schweren
Hochwasserschäden bewahrt haben.

Wir haben heute nicht mehr nötig, Hypothesen über
Stauweiheranlagen aufzustellen und in theoretischen Abhandlungen deren Nutzen nachzuweisen. Uns liegen so
viele konkrete Fälle vor, daſs wir an der Hand der bestehenden Anlagen den Nutzen sogar in Zahlen nachzuweisen vermögen.

Dabei steht man auch auf Grund statischer Berechnung
auf so positivem Boden, daſs man eben so ruhig zu Füſsen
einer Sperrmauer schlafen kann als der ängstliche Zweifler
in dem Bette seines Wohnhauses.

Um den wirtschaftlichen Wert der Stauweiher
oder Thalsperren klarzulegen, mögen Thatsachen sprechen.

Mit die ältesten und nebenbei auch die meisten Anlagen hat Frankreich. Dort finden wir z. B. im Pilat-
gebirge Anlagen, welche sich auf Bauwerke aus der Römer-
zeit stützen und bei Anlage von deutschen Werken als
Vorbilder gegolten haben. Die Sperrdämme sind meist
gemauert und zeichnen sich infolge der tief eingeschnittenen
Thäler durch auſserordentliche Höhe aus; so hat z. B. die
Thalsperre bei St. Etienne eine Sperrmauer von 100 m
Länge und 50 m Höhe. Die Anlage faſst 1 600 000 cbm Wasser

und hat einen Hochwasserschutzraum von 400 000 cbm. Zu
ihr gehört im gleichen Niederschlagsgebiet das Becken von
Pas du Riot mit 1 300 000 cbm Inhalt, das jedoch nur den
Zweck hat, ebenfalls die Stadt St. Etienne mit Wasser zu
versorgen. Im Departement Loire ist die Thalsperre von
Chartrain mit 4 500 000 cbm und 500 000 cbm Hochwasserschutzraum bemerkenswert, welche eine Sperrmauer von
54 m Höhe und eine Wassertiefe von 44 m hat, und dem
die Wasserversorgung der Stadt Roanne zufällt.

Behufs Wasserversorgung von Städten seien ferner
herausgegriffen: die Anlage bei St. Chamond zur Versorgung dieser Stadt mit 1 850 000 cbm Inhalt und einer
Sperrmauer von 165 m Länge bei 47,8 m Höhe und 42 m
Wassertiefe. Der Stauweiher zu Cotatay bei St. Etienne
ist mit 2 000 000 cbm und einer Mauerhöhe von 34,5 m
behufs Versorgung der Stadt Chambon Fengerolles an der
Loire mit Wasser angelegt. Die Thalsperre bei Tache
ebenfalls im Departement Loire mit 4 500 000 cbm Inhalt
bei 49,2 m Mauerhöhe hat ebenso wie die Anlage bei
Chartrain die Wasserversorgung der Stadt Roanne zum
Zwecke. Eine Stauweiheranlage bei Ternay mit 3 000 000 cbm
Inhalt, 168 m Mauerlänge und 38,5 m Mauerhöhe versorgt
die Stadt Annonay und hat die weitere Aufgabe, diese
Stadt vor Überschwemmungen zu schützen. Die Stadt Aix
in der Provence erhält ihr Wasser aus einer schon 1843
bis 1852 erbauten Anlage bei Tholonet und einem zweiten
Stauweiher, der 1866—1870 bei Verdon angelegt wurde etc.

Bekanntlich ist Frankreich auch das Land, das am
meisten in der Anlage von Kanälen gethan hat. Um
diese Kanäle, welche das ganze Land durchziehen, mit
Wasser zu versorgen, hat man ebenfalls eine grofse Anzahl
von Stauweihern und Thalsperren angelegt oder Anlagen,
welche bis in das vorige Jahrhundert zurückreichen, benutzt.

In welcher Weise dort die Hauptkanäle von Stauweihern oder Thalsperren gespeist werden, dürfte am klarsten
aus einer Übersicht hervorgehen:

Name der Kanäle	Stauweiher nach		
	Anzahl	Gesamtinhalt	Gesamt-Herstellungskosten
Canal du Centre . . .	9	34 275 000 cbm	5 348 000 ℳ
» de Bourgogne . .	6	31 500 000 »	9 743 000 »
» Rhein-Marne . .	2	19 800 000 »	7 300 000 »
» Nantes-Brest . .	2	8 000 000 »	2 300 000 »
» de Montbéliard .	1	13 000 000 »	4 243 000 »
» du Midi	1	1 672 000 »	320 000 »
» Aisne-Oise . . .	1	1 000 000 »	400 000 »
» de Neste . . .	1	7 270 000 »	568 000 »
» Marne-Saône . .	2	19 958 000 »	5 400 000 »
» de Givors . . .	1	1 600 000 »	990 400 »
» Fluſs Yonne . .	1	22 000 000 »	1 060 000 »
11 Kanäle mit	27 Stau-weihern	160 075 000 cbm Inhalt	37 672 400 ℳ Anlagekapital

Diese hier angeführten gröſseren Anlagen, deren Ent-
stehungszeit zum Teil in frühere Jahrhunderte fällt, die aber
meist in den Jahren 1830 bis 1896 gebaut wurden, haben
in Summa einen Fassungsraum von ca. 160 075 000 cbm
Wasser und repräsentieren ein Anlagekapital von rund
37 672 400 ℳ, so daſs sich durchschnittlich 1 cbm gestauten
Wassers nur auf 23¹/₂ ₰ stellt.

Rechnet man hierzu noch die kleineren Anlagen, welche
für landwirtschaftliche Interessen erbaut wurden, so
darf man sich nicht wundern, wenn Frankreich vermöge
seiner rationellen Wasserwirtschaft sich zu einem gesegneten
Lande gestaltet hat.

Aber auch in Frankreich ist man erst durch Schaden
klug geworden. Die groſsen schadenbringenden Über-

schwemmungen an der Loire bedeuteten dort einen Wende-
punkt. Nicht nur um den Jammer seines Volkes zu stillen,
sondern vornehmlich um das Land vor weiteren Heimsuchungen zu bewahren, hat kein Geringerer als Kaiser
Napoleon III. selbst sich dem Studium der Wasserfrage
hingegeben und in einem Schreiben, datiert vom 19. Juli
1856, dem Ministerium ein Programm unterbreitet, das heute
wie damals für alle Staaten als nachahmenswert erachtet
werden kann. Mit klarem Blicke erkennt Napoleon die
Schattenseiten der Dammbauten: »Gegenwärtig ver-
langt ein jeder einen Damm. Das System der
Dämme ist jedoch nur ein Schutzmittel, das
den Staat zu Grunde richtet, und zu unvoll-
kommen, um unsere Binnengelände zu schützen,«
heifst es an einer Stelle, und wie richtig Napoleon die
Frage erfafst hat, zeigt ein anderer Satz: »Wodurch
entstehen die plötzlichen Hochwasser in unseren
Flüssen? Sie werden verursacht durch das
Wasser, welches zu jäh aus dem Gebirge kommt,
und sehr wenig durch Wasser, das in den Thälern
fällt,« etc. »Die ganze Aufgabe ist also die, den
jähen Wasserandrang hintanzuhalten, beziehungs-
weise ihn zu verspäten« Napoleon erkennt in den
grofsen Seen, dem Bodensee und dem Genfersee,
welche die Natur vorgesehen hat, die natürlichen
Anlagen zum Ausgleich der Wassermassen und
stützt seine Anschauung und seine Anordnungen auf die
Erfahrungen, welche zum Heile der Stadt Roanne mit dem
1711 erbauten Damm von Pinay gemacht wurden. Es
heifst wörtlich: »Der Damm von Pinay hat im letzten
Oktober (1855) seine Bestimmung glücklich er-
füllt; er hat das Wasser bis zu 21,50 m Höhe über
dem Flufs aufgehalten; hat in die Ebene von

Forez den Abflufs einer Menge, die noch mehr
als 100000000 cbm beträgt, verhindert, und die
Flut hatte in Roanne ihre gröfste Höhe schon
erreicht, als man noch vier oder fünf Stunden
zur gänzlichen Füllung dieses Behälters brauchte.«

Frankreichs erste Fachmänner wurden zum Studium
der Wasserfrage berufen, und wenn auch anfangs nicht
gleich der Weg zur glücklichen Lösung gefunden wurde,
so entstanden doch bald an der Loire 1859 bis 1861 der
ca. 5 Millionen fassende Stauweiher zu Montaubry und in
den nächsten Jahren eine grofse Anzahl weiterer Anlagen.

Diesen französischen Anlagen wird sich würdig die
Thalsperre bei St. Gallen, welche die Firma W. Lahmeyer & Co. in Frankfurt a. M. für das Elektrizitätswerk
Kubel zur Zeit erbaut, anreihen. Diese Thalsperre wird
durch eine Staumauer für 17 m, einen Erddamm für 13 m
und einen ebensolchen von 6 m. Wasserhöhe gebildet und
wird einen Fassungsraum von 1400000 cbm ergeben, um
für das Kraftwerk von 1200 Pferdestärken Reserven zu
erhalten.

Stauweiher von sehr beträchtlicher Gröfse weist auch
England auf. Bei Birmingham ist ein Stauweiher mit
38000000 cbm Inhalt seit 1895 im Bau begriffen, und weitere
Anlagen, welche mit ersterem ein System bilden sollen,
sind projektiert, so dafs nach Fertigstellung der Gesamt-
anlage 454300 cbm Wasser täglich den Weihern entnommen werden können.

Edinburg hat eine Anlage von 15 Stauweihern, welche
85 % der Niederschläge, welche dort 996 mm betragen,
aufnehmen und täglich 40000 cbm Wasser abzugeben vermögen.

Bei Glasgow ist eine Anlage mit 3.153000 cbm, eine mit
2220000 cbm und eine mit 54098000 cbm zu verzeichnen.

Auch bei Liverpool ist ein Stauweiher mit 54000000 cbm Inhalt, der eine tägliche Abgabe von 180000 cbm Wasser gestattet. Eine andere Anlage bei Liverpool umfaſst sechs Weiher mit zusammen 20500000 cbm, welche eine tägliche Entnahme von 55000 cbm Wasser erlaubt.

Manchester wird ebenfalls von einem System von 16 Stauweihern, welche 27000000 cbm Wasser fassen und einer Thalsperre mit 37000000 cbm Inhalt versorgt. Die Regenhöhe wird dort in trockenen Jahren zu 1524—2032 mm, in nassen bis zu 3480 mm angegeben, und ist eine Abgabe von täglich 227150 cbm Wasser möglich. Interessant ist bei der letztgenannten Anlage, daſs die Sperrmauer als öffentlicher Weg ausgebaut ist.

Daſs Amerika mit besonders groſsen Anlagen prunken kann, darf nicht allzusehr wunder nehmen; es hat aber auch Anlagen, die geschichtlich von besonderem Werte sind, denn die Pima-Indianer in Arizona bewässern mittelst Stauanlagen schon seit mehr als 500 Jahren ihre Grundstücke. Die neueren Anlagen sind erst nach 1854 entstanden, und zählt man deren ca. 565.

Die gröſste Anlage bei Arizona mit 85000000 cbm Wasser wurde 1888 vollendet, fiel aber schon zwei Jahre nachher einer Hochflut zum Opfer.

Bei Boston sind 3 Anlagen mit zusammen 15885000 cbm, welche selbst bei gröſster Dürre 214000 cbm Wasser spenden. Im Sudburygebiete sind sechs Stauweiher mit ca. 46000000 cbm, die in der trockenen Zeit 34000 cbm Wasser abgeben können, angelegt.

In Südkalifornien, das ehedem so öde war, und über das Humboldt einst ein so vernichtendes Urteil fällte, bietet das Bear Valley mit seinen zwei Thalsperren von 89000000 cbm Wasser heute die herrlichsten Obstgärten und die üppigsten

Palmenwälder, und am Nashua River bei Boston ist eine Thalsperre mit 238 000 000 cbm Wasser projektiert.

Für die Wasserversorgung von New-York wurde 1837 die erste Thalsperre mit 18 000 000 angelegt; heute zählt man für dasselbe etwa 15 Stauweiher mit zusammen rund 290 Millionen cbm Wasserinhalt, und San Francisco wird durch acht Anlagen mit 250—300 Millionen cbm Inhalt versorgt.

Die gröfste Anlage aber dürfte die zu Minneapolis im Mississippithal sein, welche zusammen in vier Stauweihern 2440 Millionen cbm Wasser zurückhält und von denen eine Sperre allein 1298 Millionen cbm fafst.

Besonders interessant ist, dafs auch die Hindu seit undenklicher Zeit das Regenwasser in Stauweihern aufzusammeln pflegen, um sich über die Zeit oft langer Trockenheit hinüberzuhelfen. Besonders bei Madras sind viele solcher alter Anlagen zu treffen, und schätzt man deren Zahl auf mindestens 53 000 mit 300 000 Kunstbauten. Die Thalsperre zu Ashti mit 38 000 000 cbm Inhalt ist be- stimmt, ca. 6000 ha Land zu bewässern. Der Thalsperre bei Chembrambankum bei Madras mit 77 000 000 cbm Inhalt verdanken die dortigen Reisfelder ihre guten Erträg- nisse, und die Stauweiher zu Ekruk mit 94 000 000 cbm Wasser bewässern 6700 ha Land. Die Stadt Poona und das im weiten Umkreis liegende Ackerland wird von einer Anlage mit 146 000 000 cbm Inhalt versorgt.

Auch Persien hat ausgedehnte Wasseranlagen für Bewässerungen, denen die berühmten Rosenkulturen — Rosen von Schiras — ihre Existenz verdanken.

Diese wenigen genannten indischen Anlagen sowohl, als die vielen anderen älteren und neueren Thalsperren dort haben alle den gleichen Zweck, der durch die eigen- tümlichen klimatischen Verhältnisse Indiens bedingt ist. Es

gibt dort eine lange Regenperiode, der eine lange Zeit
gröfster Trockenheit folgt. In der ersteren ergeben sich
alles verwüstende Überschwemmungen und in der letzteren
verkommt jede Vegetation. Nur durch die Anlage der
vielen grofsen Thalsperren und Stauweiher, welche alle mit
Hochwasserdämmen gebaut sind, ist es möglich geworden,
einen Ausgleich zu schaffen, sich vor Verheerungen zu
schützen und während der trockenen Jahreszeit Trink- und
Bewässerungswasser zur Verfügung zu haben.

Die gleichen Gesichtspunkte wurden bekanntlich auch
bei den Nilprojekten zu Grunde gelegt, welche Anlage
mit zusammen ca. 29390 Millionen cbm Inhalt versehen
und mit welchen man den Wert des Landes um 460 Mil-
lionen $\mathcal{M}$, die jährliche Produktion um ca. 170 Millionen $\mathcal{M}$
und das jährliche Einkommen um ca. 80 Millionen $\mathcal{M}$ zu
erhöhen und so das einst gesegnete Land der Pharaonen
wieder erstehen zu lassen hofft.

Aber auch in Deutschland haben wir genug beweis-
kräftige Anlagen dafür, dafs mit dem Zurückhalten des
Niederschlagswassers nicht allein Gefahren abgewendet
werden, sondern einem Thale und ganzen Landstrichen
Stauanlagen zum Segen gereichen. Dank der Unterstützung
der Herren Unterstaatssekretär v. Schraut und Ministerial-
rat Fecht wurden seit 1871 elf Stauweiheranlagen in den
Vogesen erbaut, zu deren Herstellung die Landesvertretung
nicht nur das bewilligte, was die Regierung verlangte, sondern über welche Summe noch 400000 $\mathcal{M}$ für Meliorations-
zwecke der Regierung zur Verfügung gestellt wurden. Dort
hat man es wohl verstanden, das Wasser erst zu bän-
digen und nach Verrichtung nutzbringender
Leistungen in die tiefer liegenden gröfseren
Flufsgebiete abfliefsen zu lassen. Von diesen
elsässischen Anlagen sagte Fürst v. Hohenlohe, unser

jetziger Reichskanzler, als damaliger kaiserlicher Statthalter, es seien grofsartige, für Oberelsafs nützliche Werke, an die sich andere dieser Art anreihen würden; und als der Statthalter später die grofsartigen Wasserbecken der Doller oberhalb Sewen besichtigte, wurde ihm ein festlicher Empfang zu teil, zum Danke, dafs er den Wohlstand des Landes durch die Anlage der Sammelbecken so sehr gehoben hatte. Und Herr Unterstaatssekretär v. S c h r a u t berichtet an den preufsischen Minister für auswärtige Angelegenheiten, einen wie grofsen Nutzen die bereits ausgeführten Anlagen dort für die Industrie und Landwirtschaft ergaben bezw. noch ergeben werden, und dafs lediglich durch T h a l - s p e r r e n eine wesentliche Verbesserung der Wasserstands- verhältnisse möglich gewesen ist.

Meist ist freilich eine richtige Erkenntnis erst zur Zeit der gröfsten Not gekommen. Nachdem anfangs der 80er Jahre die Rheinprovinz von gewaltigen Überschwemmungen heimgesucht worden war, stellte sich Herr Minister v. M a y - b a c h in den Dienst der Wasserfrage, und als später gerade in der Rheinprovinz die Projekte für Thalsperren eine praktische Gestalt annahmen, versprach Herr Regierungs- präsident F r h r. v. B e r l e p s c h in Düsseldorf, alles auf- zubieten, die Anlagen zu fördern.

Auch in W e s t f a l e n trat die Behörde für die Thal- sperrprojekte ein, da man sich überzeugt hatte, dafs nur durch sie die Landwirtschaft unterstützt und die Industrie gehoben werde. Herr Landrat v. H o l z b r i n c k schlofs 1885 einen Bericht an die Behörde mit den Worten: »i c h b i n d a h e r d e r M e i n u n g, d a f s e s w e s e n t l i c h i m a l l g e m e i n e n I n t e r e s s e l i e g t, m i t a l l e n K r ä f t e n a u f d i e o b e n g e d a c h t e n U n t e r s t ü t z u n g e n, a l s o a u c h a u f d i e H e r s t e l l u n g d e s W a s s e r b e c k e n s i n d e r F l u e l b e c k e, w e l c h e s a u c h f ü r j e d e

veränderte Industrie-Anlage grofsen Wert be-
hält, zu wirken.«

Und dort in Rheinpreufsen und Westfalen sind
inzwischen die grofsen Werke entstanden und haben er-
füllt, was man sich von ihnen erhofft hat.

Diese Thatsachen sprechen eine deutlichere Sprache
zu Gunsten solcher Unternehmungen als alle Theorien und
Abhandlungen, denn da, wo die Thalsperren entstanden,
sind geordnete Verhältnisse und Wohlstand ein-
gekehrt. Und wie wäre dies auch anders möglich gewesen?
Das Problem zur Schaffung gleichmäfsiger Betriebs-
kräfte für die vorhandenen industriellen Werke, zur An-
regung, die Werke zu vergrössern und noch unausgenutzte
Wasserkräfte zu verwerten, war gelöst. Mit der Gleich-
mäfsigkeit der Kräfte kam Ordnung in die Betriebe
und in die Verhältnisse der vielen Hundert An-
gestellten. Die Landwirtschaft konnte über Wassermengen verfügen, welche ein regelmäfsiges Bewässern
der Wiesen gestattete. Die grofse Anlage im Esch-
bachthal, der noch besonders gedacht werden soll, versorgt die Stadt Remscheidt mit Wasser. Für Kraftzentralen stehen konstante und ausgiebige Wassermengen zur Verfügung und überall, wo solche Becken
erbaut wurden, hat man der Zurückhaltung des
Hochwassers mit gutem Erfolge gedacht. Dabei hat
man den Thälern durch Schaffung grofser Wasserflächen er-
höhten Reiz verliehen und durch Förderung der Fischzucht vorzügliche Einnahmequellen geschaffen. Überall
drängen sich die Vorteile in den Vordergrund, und hat die
Beruhigung, vor jähen Überschwemmungen geschützt zu
sein, Platz gegriffen.

Angeregt durch die grofsen Erfolge am Rhein und
noch unter dem Druck der grofsen Wasserverheerungen

des Jahres 1897 stehend, rüstet man sich jetzt in Schlesien, dort die Wasser zu bannen, um die Provinz vor neuen Heimsuchungen zu bewahren, und auch anderwärtig, fast möchte man sagen überall, tritt man der Frage eines rationellen Wasserhaushaltes näher.

Bei diesen Bestrebungen tritt die elektrische Kraftübertragung mit fördernd auf den Plan, denn sie ist es in erster Linie, welche selbst den kostspieligsten Bauten eine sichere Rente verspricht, und je ausgedehnter die elektrische Kraftübertragung zur Verwendung kommt, desto mehr wird man bestrebt sein, die Wildbäche zu fesseln und volkswirtschaftlichen Bestrebungen nutzbar zu machen.

Wie man heute in Preufsen über die Wasserwirtschaft denkt, möge ein Ausspruch des Finanzministers v. Miquel klarlegen, welchen er am 21. Januar d. J. im Abgeordnetenhause bei der Frage der Wasserbauverwaltung in Preufsen gemacht hat: »Man hat einmal gesagt: Die Kultur eines Volkes läfst sich erkennen an der Masse der Seife, die das Volk verbraucht. Nein, meine Herren, die Kultur fast aller Völker spricht sich aus in der richtigen Verwendung des Wassers, das ist viel wahrer; und die kulturelle Behandlung des Wassers für die Landwirtschaft ist bei uns doch erst im Anfange. Wir haben früher nicht die genügenden Mittel gehabt; in dieser Beziehung werden wir noch ein weiteres Feld der Thätigkeit vor uns haben.«

Die Wahrheit dieses Satzes stützt sich auf die Geschichte. Alle Völker des Altertums verdanken ihre Gröfse und ihren Reichtum der volkswirtschaftlichen Ausnutzung des Wassers. So lange zwischen dem Euphrat und dem Tigris Kanäle das Land durchzogen und Sperren, wie der Nitocrissee, das Wasser zurück-

hielten, war Assyrien mit seinen geschichtlich berühmten Städten Ninive und Babylon ein reich ge-
segnetes Land.

Der Moerissee in Ägypten, der bis heute durch
kein anderes Wasserwerk an Gröfse und wirtschaftlichem
Wert übertroffen wurde, hielt ehedem das Nilwasser zum
Zwecke systematischer Berieselung zurück und bewirkte
jene wunderbare Fruchtbarkeit Alt - Ägyptens. Mit der
Trockenlegung des Moerissees begann der wirtschaftliche
Verfall Ägyptens.

Das alte Indien war Dank seiner Kanäle und Teiche
dem heutigen überlegen, denn unter der englischen Herr-
schaft ist ein grofser Teil der wichtigen Wasseranlagen
Indiens so völlig zu Grunde gegangen, dafs die Folgen dieser
Mifswirtschaft die Wiederherstellung der alten Zustände
dringend erforderten.

Rom hatte wohl eine grofsartige Wasserversorgung,
das Hinterland aber war arm; es fehlte das Wasser für
die Landwirtschaft. Es war deshalb auf Sizilien und vor
allem auf Nordafrika, wo besonders Karthago sich durch
Fruchtbarkeit infolge seines kanalisierten Hinterlandes aus-
zeichnete, angewiesen. Mit dem Verfall der Wasserwirtschaft ging der Verfall Nordafrikas Hand in Hand, und
Rom führte diesen Verfall durch die Zerstörung Karthagos
herbei, nicht bedenkend, dafs es selbst sich seine Korn-
kammer vernichtete.

Von Arabien sagte man, das »bewässerte Arabien«
sei das »glückliche Arabien« gewesen; Syrien war ehedem vermöge seiner Kanäle reich, und das alte Palästina
mit seinen Bewässerungsanlagen wurde wegen seiner wunder-
baren Fruchtbarkeit das »gelobte Land« genannt, bis es
die Römer wirtschaftlich zu Grunde richteten.

Wie ehedem die richtige Verwendung des Wassers die Völker zu höherer Kultur erhob, wird auch in unserem Vaterland sich jetzt mit dem Fortschritte der Wasserwirtschaft der Wohlstand heben.

Viertes Kapitel.

Einiges über deutsche Anlagen.

Wir haben in den vorstehenden Kapiteln die in der Classenschen Denkschrift von 1876 und in der Intzeschen Broschüre vom Jahre 1888 aufgestellten Theorien einander gegenübergestellt, da beide Verfasser unabhängig voneinander zu vollständig übereinstimmenden Resultaten gelangen, und haben auch das Werk von Direktor Borchard citiert, da dieses das Neueste der einschlägigen Litteratur ist und der Verfasser als Leiter des Remscheider Wasserwerkes und der grofsen Eschbachthaler Stauweiheranlage ein Mann ist, der seit Jahren mitten in der Praxis steht.

Geheimrat Professor Intze ist aber nicht der Theoretiker geblieben, als welchen wir ihn kennen lernten; er war berufen, seine Theorie auch in die Praxis zu übersetzen und hat hierbei das Problem, durch Zurückhaltung des Niederschlagswassers eine rationelle Wasserausnutzung zu schaffen, in so eminenter Weise gelöst, dafs wir die Richtigkeit der vorstehend entwickelten Classenschen und Intzeschen Ansichten nicht überzeugender begründen können, als durch kurze Beschreibung einiger seiner gröfseren Anlagen.

Im Jahre 1887 wurden die ersten Vorarbeiten für eine Stauweiheranlage im Eschbachthale begonnen in

der Absicht, unter Wahrung der Interessen der im Thale
liegenden Werkbesitzer, die Stadt Remscheid mit gutem
Trinkwasser zu versorgen. Man wählte den Zusammen-
fluſs des Borner und Lenneper Thales für diesen
Stauweiher, in welchem sich das Niederschlagswasser eines
Gebietes von 4500000 qm Gröſse sammeln sollte. Mit
selbstregistrierenden Apparaten wurde vom 1. Dezember
1887 bis Ende 1896 jeder Tropfen Wasser, der aus diesem
Gebiete abfloſs, verzeichnet, und gelangte man zu einem
neunjährigen Durchschnitt von 3 518 175 cbm, von welchem
auf die Wintermonate 37,2 %, auf die Frühjahrsmonate 24 %,
auf die Sommermonate 15 % und auf die Herbstmonate
23,8 % Wasser entfielen. Ferner standen für Remscheid die
Niederschlagsmengen seit 1882 und für Köln seit 1888 zur
Verfügung, so daſs man für Remscheid einen 15 jährigen
Durchschnitt von 12 670 mm Niederschlagshöhe und für
Köln einen solchen von neun Jahren mit 596 mm ermittelte.
     Aus den umfangreichen Messungen der Niederschlags-
und der Wasserabfluſsmengen ergab sich, daſs in neun-
jährigem Durchschnitte 67,4 % der niedergegangenen Regen-
mengen zum Abfluſs kamen, und gewann man aus den
zusammengestellten Tabellen ein getreues Bild der that-
sächlichen Wasserverhältnisse.
     Unter Erwägung des augenblicklichen und des mut-
maſslichen künftigen Wasserverbrauches der Stadt Remscheid
und des Benutzungsrechtes des Stauweihers durch die
Eschbachthaler Werkbesitzer wurde der Stauweiher mit
1 000 000 cbm berechnet und statutarisch bestimmt, daſs die
Stadt bis 1 642 500 cbm im Jahre und die Werkbesitzer bis
6000 cbm täglich der Anlage entnehmen dürfen. Da sich
jedoch die Stadt unter allen Umständen das notwendige
Wasser sichern muſste, so sollte das Mitbenutzungsrecht der
Werkbesitzer aufhören, wenn der Wasserstand im Stauweiher

auf 375000 cbm gesunken sei, welche Reserve am 1. Juni für
den gröfsten Sommerbedarf vorhanden sein sollte. Für
1. Juli wurde die Reserve auf 325000 cbm, für 1. August
auf 275000 cbm, für den 1. September auf 225000 cbm
und für 1. Oktober auf 175000 cbm normiert, und kann
von den Werkbesitzern das Wasser entnommen werden,
welches über diese Reserve vorhanden ist.

Der hierüber aufgenommene Vertrag hat sich insoferne
bewährt, als Differenzen zwischen der Stadt und den Werkbesitzern nicht enstanden sind.

Der Kostenvoranschlag für das ganze Werk inklusive
Grunderwerb, Rohrleitungen, Pumpstation und Maschinen-
anlage belief sich auf ℳ 700000, dem sich ℳ 978078,55
wirkliche Kosten gegenüberstellten. Hiervon trafen auf die
Grunderwerbung ℳ 108323,58 (veranschlagt zu ℳ 97000),
auf die Stauweiheranlage, welche 134000 qm Staufläche
bildet, ℳ 427693,01 gegen veranschlagte ℳ 330900.

Am 4. Dezember 1888 bewilligte das Stadtverordneten-
kollegium die Summe von ℳ 700000, und wurde Professor
Intze, der alle Projekte gemacht und alle Vorarbeiten ein-
geleitet hatte, die Oberleitung übertragen.

Am 14. November 1891 konnte der Stauweiher erstmals gefüllt werden und am 3. Januar 1892, also nach
48 Tagen, lief er erstmals über.

Aus den fünfjährigen Berichten ist zu entnehmen, dafs
die Anlage nach jeder Richtung voll entsprochen hat. Die
Stadt hatte ihr volles Quantum vorzüglichen Wassers, das
mittelst Turbinenkraft, gewonnen aus dem Stauweiherabflufs,
in die hochgelegenen Stadtteile gepumpt wird, und machte
Ersparungen, welche

1892	1893	1894	1895	1896
ℳ 8053	ℳ 7386	ℳ 8068	ℳ 9514	ℳ 10038

Kohlen gleichkamen. Die zahlreichen Wiesen des Eschbach-

thales hatten jederzeit genügend Wasser für Wässerung, so
dafs eine bedeutende Steigerung des Graswuchses besonders
1893 nachgewiesen werden konnte, und die Werkbesitzer
erfreuten sich eines gleichmäfsigen, dauernden Wassers,
so dafs eine Einstellung des Betriebes, wie sie früher
auf Monate nötig gewesen, ausgeschlossen war, und
überdies gestalteten sich auch die Gefälle gröfser und kon-
stanter.

Der Stauweiher bot aber auch noch andere Vorteile.
Es entwickelte sich die Fischzucht, besonders der Forellen,
äufserst günstig, die Abschwemmung der sich an den hochgelegenen Ländereien ablösenden Sinkstoffe wurde verhindert,
und die Hochwasserschäden verminderten sich merklich,
dabei ergab sich aus den sportlichen Vergnügungen und
dem Restaurationsbetrieb eine nicht zu unterschätzende
Rente.

Die Anlage hat also eine dreifache Aufgabe zu erfüllen:
eine Stadt, derzeitig mit ca. 50000 Einwohnern, auf Jahre
hinaus mit Trinkwasser zu versorgen, der Landwirtschaft
zum Bewässern der Wiesen zu dienen und den Werkbesitzern eine gleichmäfsige und gegen früher erhöhte Kraft
zu sichern.

Gelöst wurde dieses weitgehende Problem dadurch,
dafs man an dem Schnittpunkte des Lenneperthales und
des Bornerthales den Weiher anlegte und das Hauptthal
des Eschbaches oberhalb Remscheid mit einer Sperrmauer von 160 m Länge, welche im Grundrifs nach einem
Kreisbogen von 125 m Radius gekrümmt ist, abschlofs. Die
Stärke dieser Sperrmauer beträgt in der Fundamentsohle
15 m, die kleinste Stärke in der Krone 4 m. Die Höhe
der Mauer ist 25 m, wozu noch die Brüstung von 1 m
Höhe kommt. Das Gesamtmauerwerk berechnet sich auf
17 000 cbm.

Die Anlage, konstruktiv in einem Bogen gekrümmt, die Fundation und der Anschluſs an die Berghänge, die Dimensionierungen im allgemeinen, sowie die zur mittleren Drucklinie symmetrisch gelegten Steinschichten und die Wahl des Steinmateriales und des Mörtels bekunden ein tiefes theoretisches und von groſser Praxis unterstütztes Wissen des Erbauers. Aber geradezu genial ist die Frage gelöst, mit dieser einen Anlage das Wasser für die Werke, die Landwirtschaft, die Wasserversorgung der Stadt Remscheid und für die Kraftturbinen des städtischen Pumpwerkes zu fassen.

Professor Geheimrat Intze löste diese vielseitige Aufgabe in der Weise, daſs er 11 m von der Sperrmauer entfernt in der Scheitellinie derselben in dem Stauweiher ein Wasserreservoir in Gestalt eines Wasserturmes von 600 cbm Inhalt anordnete, nach welchem das frische Quellwasser aus den zuflieſsenden Bächen in eigenen, geschlossenen Zuleitungsröhren, welche beiderseits längs der Hänge durch den Stauweiher laufen, leitete. Dieses reine Quellwasser wird alsdann in gesonderter Leitung nach einer Turbine gebracht, und nachdem es seine Kraft abgegeben, der Pumpstation zugeführt, um von hier in die hochgelegene Stadt gedrückt zu werden. Da jedoch die Kraft dieses Wassers zu diesem Zwecke nicht ausreichen würde, wird eine zweite Turbine von dem Stauweiher entnommenem Wasser unter einem Gefälle bis maximal 31 m getrieben. Dieses Weiherwasser wird nach seiner Arbeitsleistung in den Hammerteich abgelassen, wo es samt dem Überlaufwasser aus dem Stauweiher zur Verfügung der Werke und der Landwirtschaft steht.

Der Begegnung von Überschwemmungsgefahr ist noch besonders in der Weise Rechnung getragen, daſs durch Aufsätze der Stau um 40 cm erhöht werden kann, wodurch

der Inhalt des Thalbeckens zeitweilig noch um ca. 65000 cbm
vergröfsert werden kann.

Dieses hochbedeutsame Werk zeigt recht deutlich, wie
vielseitig der Nutzen einer solchen Anlage gestaltet werden
kann.

Ein zweites, nicht minder bedeutendes Werk, ebenfalls
von Professor Geheimrat Intze gebaut, ist die Beverthal-
sperre am oberen Laufe der Wupper, welche am 8. Oktober 1898 dem Betriebe übergeben wurde. Es soll dieses
Werk im Verein mit den in Bau begriffenen Lingeser und
Herbringhauser Thalsperren, welche je 2500000 cbm Inhalt
bekommen, sowie den dazu geplanten Ausgleichbecken bei
Beyenburg mit 46000 cbm und Buchenhofen mit 64000 cbm
Inhalt dazu dienen, die Überschwemmungsgefahren der
Wupper zu vermindern, dem Flufs eine konstantere Wasser-
masse zu verschaffen und damit auch die an seinen Ufern
gelegenen 437 industriellen Werke zu befähigen, selbst
während der wasserarmen Zeit ihren Betrieb aufrecht halten
zu können. Die Bever, ein linker Nebenflufs der Wupper,
hat mit ihren Zuflüssen ein Niederschlagsgebiet von 22 qkm.
Durch eine Sperrmauer von 17 m Stauhöhe und 250 m
Kronlänge wurde ein Becken geschaffen, das nahezu
4 Millionen cbm Wasser aufzunehmen im stande ist. Auch
hier ist die Sperrmauer nach einem Radius von 250 m gekrümmt, hat in der Sohle eine Dicke von 17 m, in der
Krone eine solche von 4 m und erforderte 30000 cbm
Mauerwerk. Das Becken hat eine Fläche von 500000 qm,
ist mit einem Überlauf von 56 m Breite versehen und hat
aufser zwei Ablafsrohren von 80 cm Durchmesser, um ganz
sicher zu erreichen, dafs eine eintretende Hochflut das
Becken niemals vollständig gefüllt vorfindet, einen Überlauf-
schlitz von 1 m Höhe und $1\frac{1}{2}$ m Breite, der in den Wintermonaten geöffnet bleibt, dagegen im Sommer geschlossen

wird, wodurch ein Schutzraum von ca. $^1/_2$ Million cbm Inhalt für plötzlich eintretendes Hochwasser geschaffen wird.
Die Kosten dieser Anlagen wurden auf ℳ 1 800000 veranschlagt und erfordern ca. ℳ 72 000 an Unterhaltungs-
kosten, Zinsen und Amortisation. Die Kosten werden von
der Wupperthalsperren-Genossenschaft, der die Städte Elber-
feld und Barmen, sowie zahlreiche Industrielle angehören,
in der Weise getragen, daß jede der genannten Städte
ℳ 10 000, die Werkbesitzer ℳ 52000 nach Maßgabe ihres
Nutzens beisteuern.

Außer diesen beiden Anlagen ist in den Rheinlanden
noch eine kleinere Anlage im Panzerthale bei Lennep mit
118000 cbm Wasserinhalt zu verzeichnen, welche 1893/94
im Interesse der Wasserversorgung der Stadt Lennep angelegt wurde.

Ferner seien genannt: die 1895/96 erbaute Stauweiheranlage in der Heilenbecke mit 450000 cbm Wasserinhalt für
die Wasserversorgung der Stadt Gevelsberg und die Fluel-
becker Teichanlage mit 700000 cbm Inhalt, 1896 vollendet
und für Kraftzwecke und Wasserversorgung der Stadt Altena
bestimmt.

In Arbeit befindet sich eine Anlage bei Plettenberg
bei Hagen mit 2 500000 cbm Inhalt, eine mit 300 000 cbm
Inhalt bei Ronsdorf und eine dritte mit 3 000 000 cbm
Wasserinhalt bei Solingen, von welchen die erstere Kraft-
zwecken, die beiden letzteren Wasserversorgungen dienen
sollen.

Projektiert und vor Aufnahme der Bauarbeit stehen
in den Rheinlanden noch weitere ca. zehn Thalsperren mit
etwa 45000000 cbm Stauwasser.

Sehr ausgedehnt sind die Stauweiheranlagen im Harz.
Der nordwestliche Harz enthält allein 67 Stauweiher, welche
eine Fläche von 250 ha bedecken und 9—10 Millionen cbm

Wasser fassen. Mit diesem Stauwasser werden über 3000 Pferdekräfte geäufsert, welche mittelst 196 Wasserrädern, 6 Wassersäulenmaschinen und 6 Turbinen nutzbar gemacht werden. Der Harz hat aber bei Clausthal auch einen Stau- weiher, den Hirschler Teich, mit 2 500 000 cbm Inhalt, der schon in den Jahren 1700—1720, und bei Andreasberg den Oderteich mit 3 000 000 cbm Inhalt, der bereits in den Jahren 1714—1721 erbaut wurde. Ein Stauweiher mit 1 300 000 cbm Wasser ist bei Osterrode projektiert.

Noch älter als diese Harzweiher sind die Stauweiher- anlagen bei Freiberg in Sachsen, etwa 20—25 an der Zahl, mit ca. 15 000 000 cbm Fassungsraum, deren Entstehungs- zeiten in die zweite Hälfte des 16. Jahrhunderts, in das 18. Jahrhundert und in die erste Hälfte unseres Jahrhunderts fallen.

Ein neuerer Stauweiher mit 360 000 cbm bei Einsiedel, 1894 dem Betrieb übergeben, versorgt die Stadt Chemnitz mit Wasser.

In Bayern finden wir aufser einigen kleineren An- lagen den Stauweiher bei Lohnweiler bei Kusel in der Rheinpfalz mit 5350 cbm, 1879 erbaut, um Wildwasser zurückzuhalten.

Projektiert ist von der Elektrizitäts-Aktiengesellschaft vorm. W. Lahmeyer & Co. in Frankfurt a. M. für das Elektrizitätswerk Gersthofen am Lech bei Augsburg eine Weiheranlage — Ausgleichsweiher — mit 500 000 cbm Inhalt, welche 25 ha Fläche einnimmt. Die Kraftanlage mit ca. 5000 Pferdekräften dieses Werkes ist bereits in Arbeit genommen.

Die Anlagekosten der verschiedenen Werke ergeben allgemein mit Zunahme der Gröfse relativ kleinere Werte pro Cubikmeter gestauten Wassers. Anlagen mit Sperr- mauern schwanken zwischen 20 und 70 ₰ für den gestauten

Cubikmeter, solche mit Erddämmen bedingen nur 10 bis 20 ₰ pro Cubikmeter Wasser. Eine Pferdekraft berechnet sich auf Grund von Erfahrungssätzen in den ersten Jahren auf 80 bis 110 ℳ in 300 Arbeitstagen à 10 Stunden, gestaltet sich aber von Jahr zu Jahr billiger, so dafs sie schliefslich nur auf etwa 4 ℳ zu stehen kommt.

Ist diese kurze Aufzählung von Anlagen auch bei weitem nicht erschöpfend, so dürfte sie doch genügend lehren, einen wie hohen wirtschaftlichen Nutzen das gestaute Wasser hat und wie gering — diesem Nutzen gegenüber — sich die Kosten für die Anlagen gestalten.

Ein weiteres höchst interessantes Material wird man in Bälde in Schlesien erhalten, wo man mit Ernst und Energie daran geht, den immer wiederkehrenden Überschwemmungsverheerungen mittelst Thalsperren zu begegnen. Am 21. August 1897 wurde dem Ausschufs zur Förderung der Vorarbeiten für Anlegung von Stauweihern im Bober- und Queisgebiet ein Projekt für sechs Stauweiher im Hochgebirge und für zehn Weiher in der Höhenlage unter 500 m vorgelegt und beschlofs die Versammlung, das kgl. Staatsministerium zu ersuchen,

1. durch gesetzliche Mafsnahmen die künstliche Entwässerung der Gebirgswälder, sowie besonders der im Gebirge liegenden Moore zu verhindern,
2. durch Anlage von Stauweihern im Gebirge und durch zahlreiche Stauweiher im Vorlande in Verbindung mit den Gebirgsflüssen die Gefahren der Hochwasser möglichst zu verhüten.

Hoffentlich findet dieses zielbewufste Vorgehen in weiten Kreisen Nachahmung, und wartet man nicht, bis Not und Gefahren erst Unsummen verschlingen und dann zum Handeln zwingen.

Schlufswort.

Vorstehende kleine Arbeit soll keineswegs einen An-
spruch auf Vollkommenheit machen, sondern nur den Zweck
verfolgen, in möglichst weiten Kreisen zu zeigen, welchen
Standpunkt die moderne Technik bei der Frage der Überschwemmungen und bei den Versuchen, verheerende Nieder-
schlagswassermassen zurückzuhalten, einnimmt.

Der Leser wird leicht erkennen, wie verschieden weit
die Frage sich in den einzelnen Ländern entwickelt hat
und wie viel bei uns noch zu thun übrig bleibt.

Ein weiterer nicht zu unterschätzender Zweck der
Schrift soll sein, dem noch immer vielfach bestehenden
Vorurteil, Thalsperren und Stauweiher seien ohne
praktischen und wirtschaftlichen Wert, durch
Thatsachen entgegenzutreten und durch eine populäre Dar-
stellung zu bekämpfen. Vielleicht gelingt es alsdann, doch
endlich Geldmittel für Anlagen, welche für das Vaterland
von unermefslichem wirtschaftlichen Werte sind, flüssig zu
machen und zum wirklichen Wohle des Landes anzuwenden.
Haben die deutschen Staaten doch im Laufe der letzten
zehn Jahre für Hochwasserentschädigungen Millionen ge-
opfert, und schätzt man den Schaden, der dem Lande zu-
gefügt wurde, auf mehr denn 60 Millionen Mark! Diese
immense Summe ist ein wirtschaftlich verlorenes Kapital,
das richtig angelegt ebenso gut reiche Früchte hätte tragen
können; denn es hätte überall, wo seit langen Jahrzehnten,
ja von alters her, die Überschwemmungsgefahren sich wiederholt und Hab und Gut zerstört haben, genügt, geordnete
Verhältnisse zu schaffen und durch planmäfsiges Zurückhalten des Wassers bedrohte Thäler zu gesegneten Stätten
ländlicher und industrieller Thätigkeit zu machen.

Das Schriftchen soll aber noch den weiteren Zweck verfolgen, zu zeigen, wie innig sich die Interessen der Landwirtschaft und der Industrie berühren, und wie segensreich ein friedliches Hand in Hand gehen für beide Teile werden kann. Möge es ein Kleines dazu beitragen, die alte Fehde beizulegen, um durch gemeinsames Handeln das wirtschaftliche Gut, das uns die Natur gegeben, richtig auszunutzen. Es wird dann auf diesem volkswirtschaftlich bedeutsamen Gebiet der Genossenschaftssinn sich mehr und mehr befestigen zum Wohle von jedem Einzelnen und zum Wohle des Landes!

Eine Anzahl hervorragender Schriften haben dem Verfasser als Unterlagen gedient. Sie zu nennen ist nicht nur eine Pflicht, sondern gewifs auch ein wirksames Mittel, die in Vorstehendem niedergelegten Bestrebungen zu fördern, und kann das Studium dieser Schriften nicht genug empfohlen werden.

Ökonomierat C l a s s e n, Denkschrift, betreffend die Ursachen und Folgen der jähen Überschwemmungen und die Mittel zu deren Beseitigung. Ansbach, C. Brügel & Sohn, 1876.

H. O v e r m a r s, Die Theifs-Überschwemmungen. Budapest 1879.

O. I n t z e, Die bessere Ausnutzung der Gewässer und der Wasserkräfte. Berlin, Julius Springer, 1889.

O. I n t z e, Die Wasserverhältnisse der Wupper und deren Verbesserung durch Anlage von Thalsperren im Brucher- und Beverthale. Selbstverlag.

O. I n t z e, Gutachten bezüglich der Verbesserung der Wasserverhältnisse der Roer und der zur Verbesserung des Roerbettes aufgestellten Regulierungsprojekte. Düsseldorf, L. Vofs & Cie., 1896.

O. I n t z e, Die Erweiterung des Wasserwerkes der Stadt Remscheid. Berlin, A. W. Schade, 1895.

Bericht über den Betrieb der städtischen Wasserwerke zu Remscheid.
      Remscheid, Hermann Krumm.
Carl Borchardt, Die Remscheider Stauweiheranlage sowie Beschreibung
      von 450 Stauweiheranlagen.   München - Leipzig,   R. Oldenbourg,
      1897.
O. Intze, Zweck und wirtschaftliche Bedeutung von Thalsperren. Vor-
      trag auf der 70. Versammlung deutscher Naturforscher und Ärzte
      zu Düsseldorf 1898.
O. Intze, Thalsperren. Vortrag beim Müllerkongreß in München 1898.
Zeitschrift deutscher Ingenieure:
      Jahrgang 1888.   Thalsperre bei Fluelbecke.
          »   »   »   » Stettin.
          »   1889.   »   der Wupper.
          »   »   »   zu Eschbach.
          »   1890.   Eschbachthaler Thalsperre.
          »   »   Titisee.
          »   1892.   Thalsperre im Lösethal.
          »   1894.   »   zu Einsiedel bei Chemnitz.
          »   1895.   Fluelbecker Thalsperre.
          »   »   Thalsperre bei Heilenbecke bei Mispe.
          »   1898.   Thalsperren an der Urft. Vortrag von O. Intze.
Jahrbuch der Deutschen Landwirtschaftlichen Gesellschaft.
      Band 13, 1898.
      Die Hochwassergefahr und deren thunliche Verhütung. Vortrag
          von Landesökonomierat Dr. Schultz-Lupitz.
      Hochwassergefahren und Wassermangel; Maßnahmen zu deren Ver-
          hütung. Vortrag von Ökonomierat Abel-Auerbach.
Zeitschrift des deutschen und österreichischen Alpenvereins.
      1898. Professor Dr. F. Frech: Über Muren.
Geheimrat Fr. Reuleaux, Über das Wasser in seiner Bedeutung für die
      Volkswirtschaft.
O. Intze, Über die Wasserverhältnisse im Gebirge, deren Verbesserung
      und wirtschaftliche Ausnutzung. Hannover 1899, Gebr. Jänecke.

www.ingramcontent.com/pod-product-compliance
Lightning Source LLC
Chambersburg PA
CBHW031454180326
41458CB00002B/764